多変数関数の積分法

田中　久四郎　著

「d-book」
シリーズ

http：//euclid.d-book.co.jp/

電気書院

目　次

1　不定重積分の意義と計算　　1

2　定重積分の意義と計算　　5

3　定重積分の応用　　10

4　重積分とその応用についての要点
　〔1〕不定重積分 …… 15
　〔2〕定重積分 …… 15

5　重積分とその応用の演習問題　　17

1　不定重積分の意義と計算

不定重積分
定重積分

　1変数の微分法を拡張して2変数以上の多変数関数の微分について考えられたのが偏微分法であるが，これに対応して1変数の積分法を拡張して2変数以上の多元関数の積分について考えられたのが重積分で，これにも不定重積分と定重積分がある．まず，不定重積分とその計算について説明しよう．

　ここに，二つの独立変数 x, y からなる2元関数 $z=F(x, y)$ があったとき，この関数の x を定数とみなして y について微分し，次いで y を定数とみなし x について微分したものが

$$\frac{\partial}{\partial x}\left\{\frac{\partial F(x,y)}{\partial y}\right\} = \frac{\partial^2 z}{\partial x \partial y} = f(x,y)$$

であるとすると微分と積分の逆算関係から，まず，$f(x, y)$ を x を定数とみなして y について積分すると

$$\int f(x,y)dy = \frac{\partial F(x,y)}{\partial x} + k_1 = \frac{\partial F(x,y)}{\partial x} + \phi(x)$$

　ただし，上記の k_1 は積分定数であって，変数 y について微分すると0となるもので，この場合，x は定数とみなされているので k_1 には x を含んでよく，これを $k_1 = \phi(x)$ と書いた．

となる．さらに，上式の右辺の $\phi(x)$ を左辺に移して x について積分すると，微分と積分の逆算関係から原関数 $F(x, y)$ になり

$$\int\left\{\int f(x,y)dy\right\}dx - \int \phi(x)dx = F(x,y)+k_2 = F(x,y)+\Psi(y)$$

　ただし，k_2 なる積分定数は，x を含んでいなければよく，定数とみなされた y は含んでいても x について微分すると0になるので，$k_2 = \Psi(y)$ と記した．

になるが，これを書直すと

$$\int\left\{\int f(x,y)dy\right\}dx = F(x,y)+\Psi(y)+\int \phi(x)dx$$

となる．この $\Psi(y)$ や $\phi(x)$ は全く任意の形の関数となるので，一般にこれを略して

$$\int\left\{\int f(x,y)dy\right\}dx = F(x,y)$$

と書く．この左辺の意味は，$f(x, y)$ をまず x を定数とみなして y について積分したものを次に y を定数とみなして x について積分することをあらわしていて，これを一般に次のような簡潔な形で書きあらわしている．

$$\iint f(x,y)dydx = F(x,y) \quad \text{または} \quad \int dx \int f(x,y)dy = F(x,y) \tag{1·1}$$

1 不定重積分の意義と計算

注： 重積分符号 $\iint$ がすでに上記のような積分のやり方を意味しているので，偏微分の場合のように dx を ∂x, dx を ∂y というようには書かない．

また，与えられた関数を

$$\frac{\partial}{\partial y}\left\{\frac{\partial F(x,y)}{\partial x}\right\} = \frac{\partial^2 z}{\partial y \partial x} = f(x,y)$$

と考えて，まず y を定数とみて x について積分し，次いで x を定数とみて y について積分すると

$$\iint f(x,y)dxdy = F(x,y) \quad \text{または} \quad \int dy \int f(x,y)dx = F(x,y)$$

となるが，すでに偏微分のところで証明したように $F(x, y)$ および $f(x, y)$ が連続な変域では

$$\frac{\partial^2 z}{\partial x \partial y} = \frac{\partial^2 z}{\partial y \partial x}$$

であったから，上記の積分の場合でも

$$\iint f(x,y)dydx = \iint f(x,y)dxdy \tag{1・2}$$

不定二重積分
単一積分

となって積分の順序は何れにしても同一の結果になる．ただし，積分定数はちがってくる．これは不定重積分の場合で次章で述べる定重積分では積分の順序がちがうと積分の限界がちがってくる．上記の積分を不定二重積分（Indefinite double integral）といい，今までに取扱った1変数の積分を単一積分（Simple integral）という．上記から明らかなように不定二重積分とは2元関数の偏微分の計算を逆に行って，与えられた $f(x, y)$ から原関数 $F(x, y)$ を求める積分計算を意味する．

さらに，三つの独立変数 x, y, z からなる関数 $F(x, y, z)$ において

$$\frac{\partial}{\partial x}\left[\frac{\partial}{\partial y}\left\{\frac{\partial F(x,y,z)}{\partial z}\right\}\right] = \frac{\partial^3 F(x,y,z)}{\partial x \partial y \partial z} = f(x,y,z)$$

の関係があると，まず，x, y を定数とみなし z を変数として $f(x, y, z)$ を z について積分し，次いでその積分値で x, z を定数とし y を変数として y について積分し，さらにその積分値で y, z を定数とし，x を変数として x について積分すると元の関数値 $F(x, y, z)$ になる．これを

$$\iiint f(x,y,z)dzdydx = F(x,y,z)$$

$$\text{または} \quad \int dx \int dy \int f(x,y,z)dz = F(x,y,z) \tag{1・3}$$

不定三重積分

と書き，これを不定三重積分（Indefinite triple integral）と称し，$F(x, y, z)$ および $f(x, y, z)$ が変域内で連続であると積分の順序はどのように行っても同様になる．同様に三つ以上の独立変数を有する多元関数についても不定四重積分，不定五重積分といくらでも考えられる．これらを総称して不定重積分（Indefinite multiple integral）と称する．

不定重積分

次に実例について不定重積分の計算を行ってみよう．ただし，積分定数は省略した．

1 不定重積分の意義と計算

〔例1〕 $\iint (x+2y)dydx$ を求める．

$$\text{原式} = \int\left[\int(x+2y)dy\right]dx = \int\left(xy+\frac{2y^2}{2}\right)dx$$
$$= \frac{x^2y}{2}+xy^2 = xy\left(\frac{x}{2}+y\right)$$

今，試みに上記の積分の順序を変えて行ってみよう．

$$\int\left[\int(x+2y)dx\right]dy = \int\left(\frac{x^2}{2}+2xy\right)dy = \frac{x^2y}{2}+xy^2$$

となって同じ結果になる．

〔例2〕 $\iint(2xy+3)dydx$ を求める．

以下では前例のような区画〔 〕を示さないが，これが入っているものと考えられたい．

$$\iint(2xy+3)dydx = \int(xy^2+3y)dx = \frac{x^2y^2}{2}+3xy$$

この場合も積分の順序を変えても同一の結果になる．ただし，積分定数を入れて計算すると，

$$\iint(2xy+3)dydx = \int(xy^2+3y+c_1)dx = \frac{x^2y^2}{2}+3xy+c_1x+c_2$$

$$\iint(2xy+3)dxdy = \int(x^2y+3x+k_1)dy = \frac{x^2y^2}{2}+3xy+k_1y+k_2$$

のように積分定数がちがってくる．

〔例3〕 $\iint f(x)g(y)dxdy = \int f(x)dx\int g(y)dy$ となることを証明する．

今，$\dfrac{dF(x)}{dx}=f(x)$ および $\dfrac{dG(y)}{dy}=g(y)$ とおくと

$\int f(x)dx = F(x)$ および $\int g(y)dy = G(y)$ となり

$$\iint f(x)g(y)dxdy = \int g(y)\left[\int f(x)dx\right]dy = \int g(y)F(x)dy$$
$$= F(x)\int g(y)dy = F(x)\cdot G(y) = \int f(x)dx\cdot\int g(y)dy$$

すなわち最初，dx について積分するとき $g(y)$ は y のみの関数で定数となるので積分記号の前に出して積分してよく，次に dy について積分するときは $F(x)$ は x のみの関数で定数とみて積分記号の前に出して積分できる．

〔例4〕 $\iiint x^2(y+z)dzdydx$ を求める．

1 不定重積分の意義と計算

$$原式 = \iint x^2\left(yz + \frac{z^2}{2}\right)dydx = \int x^2\left(\frac{y^2z}{2} + \frac{z^2y}{2}\right)dx$$
$$= \frac{x^3}{3}\left(\frac{y^2z}{2} + \frac{z^2y}{2}\right) = \frac{x^3 \cdot yz}{6}(y+z)$$

〔例5〕 $\iiint 8r\sin\theta\cos\theta\sin\varphi\cos\varphi\, dr\, d\theta\, d\varphi$ を求める．

$$原式 = \iint 4r^2\sin\theta\cos\theta\sin\varphi\cos\varphi\, d\theta\, d\varphi$$
$$= \int 2r^2\sin^2\theta\sin\varphi\cos\varphi\, d\varphi$$
$$= -r^2\sin^2\theta\cos^2\varphi$$

ただし，$\int \sin\theta\cos\theta\, d\theta$ に部分積分法を適用し，$f(x) \to \sin\theta$，$g'(x) \to \cos\theta$ とすると $f'(x) \to \cos\theta$，$g(x) \to \sin\theta$ となり

$$I = \int \sin\theta\cos\theta\, d\theta = \sin^2\theta - \int \cos\theta\sin\theta\, d\theta = \sin^2\theta - I$$

$$2I = \sin^2\theta \quad \therefore I = \frac{1}{2}\sin^2\theta$$

不定重積分

さて，ここで附言しておきたいことは，一般の数学書では重積分としては定重積分のみについて説明し，不定重積分にはふれていない．これは

例えば $z = ax^2 + bxy + cy^2$ とすると $\dfrac{\partial^2 z}{\partial x\, \partial y} = b$

となるが，これを二重積分とすると

$$\iint b\, dy\, dx = \int by\, dx = bxy$$

となって原関数に帰らない．仮に積分定数を入れても

$$\iint b\, dy\, dx = \int \{by + f(x)\}dx = bxy + \int f(x)dy + g(y)$$

となって，$f(x)$ や $g(y)$ は任意の関数でその形は決まらない．したがって，多くの場合，不定重積分は本当に不定になってしまう．そのようなわけで取りあげられないのだと思うが，重積分の意義を偏微分と対応して理解していただくためには，この不定重積分から説明した方がはるかに理解しやすい．

2 定重積分の意義と計算

単一積分において不定積分に変域として上限，下限を与えたのが定積分で，不定積分では原曲線の変化率曲線ともいうべき導関数曲線を知って原曲線を求めたが，定積分では例えば原曲線がX軸との間に形成する面積を求めるというように意義もちがった．重積分においても同様で不定重積分に変域を与えたのが定重積分であって，その意義もちがってくる．

定重積分　この定重積分の幾何学的な意義を明らかにすることができるので，立体の体積を求める二重積分の方法を実例にして定重積分の意義を明らかにしよう．さて，図2・1に示したように —— 以下の図は分かりやすくするため点線とすべきところも実線とするなど正しい画法によっていない ——，直交座標系を示すX，Y，Z軸をとって，xy平面上に一つの領域B —— xとyの変域，つまり積分区域を示す閉曲線 —— があるものとし，

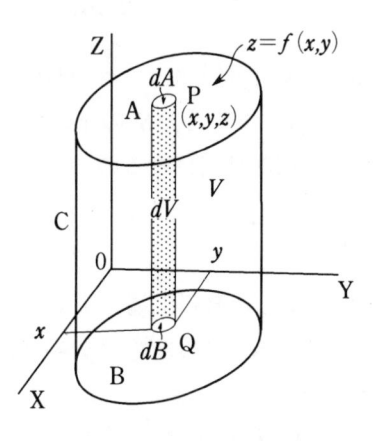

図2・1　定重積分の意義

その周囲に沿ってこれに垂直な線，したがってZ軸に平行な線を立てて，これによって構成される側面をCとし，一方，$z = f(x, y)$であらわされる曲面のうちCに囲まれた部分をAとし，図のように底面がB，側面がC，上の曲面がAなる立体が形成されたとしよう．この体積を求めるのに底面Bを無限に小さく分割して点に限りなく近迫した微小部分dBをとり，これをを底面とする微小柱dVを考えると，上の曲面上の微小部分dAは点に限りなく近迫するほど小さいので，dA上のzの値には変わりがなく

　　微小柱の体積　$dV = dB \times \overline{PQ}$

となる．このP点の座標を(x, y, z)とすると$\overline{PQ} = z = f(x, y)$になり，このような微小柱をBの全域についてよせ集めたものが，この立体の体積Vになるので

$$V = \int_B dV = \int_B f(x,y) dB$$

と書くことができる．次に，この積分を行う実際的な方法を考えてみよう．図2・2

2 定重積分の意義と計算

でまず，立体をyz平面と平行な二つの平面で切り，その一つを$x=x_1$とし，他を$x=x_2=x_1+\Delta x$とし，この二つの平面ではさまれた立体の体積をV_1とする．また，$x=x_1$における立体の断面を$S_1=\text{defg}$とし，x_2における立体の断面を$S_2=\text{DEFG}$とすると，V_1はS_1とS_2との間にはさまれている．この$\Delta x \to 0$にすると$S_1=S_2$となりV_1は

$$V_1 = \lim_{\Delta x \to 0} S_1 \times \Delta x = S_1 dx$$

となる．

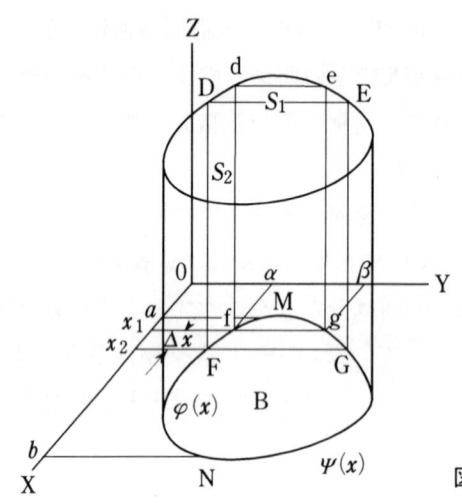

図2・2 立体の体積を求める二重積分法

次にS_1について考えると，xy平面上で$x=x_1$のB内にある線分はfgであって，fおよびgにおけるyの値をα，βとすると，S_1の下は$y=\alpha$のfと$y=\beta$のgで，上は$z=f(x_1, y)$によって構成される平面になるので

$$S_1 = \int_\alpha^\beta f(x_1, y) dy$$

になる．さらに，X軸上に投影したBの上端，下端を図のようにM，Nとし，X軸上での値をa，bとし，xy平面上のMFNの曲線は$y=\varphi(x)$で与えられ，MGNの曲線は$y=\Psi(x)$で与えられるものとすると，

$$\alpha=\varphi(x_1) \text{ となり}, \beta=\Psi(x_1)$$

になる．これらを上式に代入し，x_1の値を順次に変えて$x=a$から$x=b$まで積分すると立体の体積Vになるので，x_1をxと書きS_1をSと書いて，

$$\begin{aligned}V &= \int_a^b S dx = \int_a^b \left\{ \int_{\varphi(x)}^{\Psi(x)} f(x,y) dy \right\} dx \\ &= \int_a^b \int_{\varphi(x)}^{\Psi(x)} f(x,y) dy dx = \iint_\beta f(x,y) dy dx \end{aligned} \quad (2\cdot1)$$

としてVが求められる．

上式の｛　｝の積分ではxを定数とみてyについて積分し，その積分値のyに$\Psi(x)$，$\varphi(x)$を代入するとxのみの関数になり，これをxについて積分して，その積分値のxの値にa，bを代入して所求のVが計算される．

また図2・3のように上面が$z_2=f(x, y)$なる曲面として与えられ，下面が$z_1=g(x, y)$なる曲面として与えられたときの体積は，$z_1=g(x, y)$の曲面のxy平面への正射影をBとしたとき，上記の二重積分法で，このBと上曲面z_2による体積を求め，

三重積分

次いでBと下曲面z_1による体積を求めて前者から後者を引いて求められるが，また，次のように考えて三重積分によって求められる．

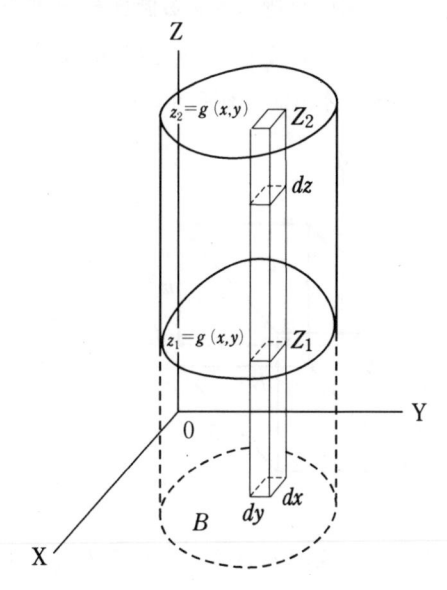

図2・3 三重積分法

いま図示のようにxy平面上に微小面積 $dx \times dy$ を考えると，これを底面とする微小柱の立体内での体積は $dx \times dy \times (z_2 - z_1)$ となり，Vはこれを全領域について積分して得られる．このdxやdyの積分は前と同一であって，zはdzをz_1からz_2まで積分することになり，この立体内の点の位置が$f(x, y, z)$で与えられると，zは$f(x, y)$面と$g(x, y)$面の間のことごとくを積分することになり，Vは

$$V = \int_a^b \int_{\varphi(x)}^{\Psi(x)} \int_{g(x,y)}^{f(x,y)} f(x,y,z) dz\,dy\,dx \tag{2・2}$$

なる三重積分によって求められる．同様にして四重積分以上についても考えられるが幾何学的な表示はできない．

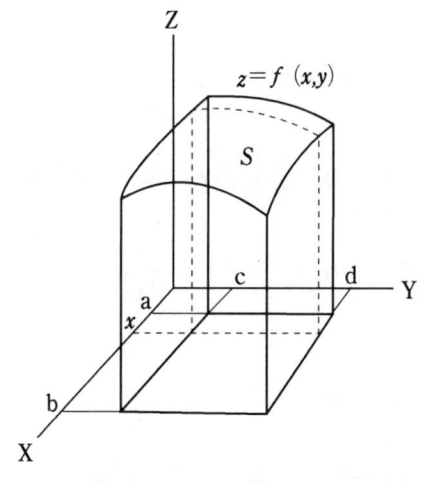

図2・4 領域が短形のとき

なお，上述ではxy平面での領域が $y = \Psi(x)$，$y = \varphi(x)$ で与えられる任意の閉曲線と考えたが，次の図2・4で示すように，このxy平面での領域が矩形で与えられ，xの変域を$[a, b]$，yの変域を$[c, d]$とし，上の曲面が$z = f(x, y)$で与えられると，この立体の体積Vは直ちに

$$V = \int_a^b \int_c^d f(x,y) dy\,dx \tag{2・3}$$

と書ける．この計算の最初の $\int_c^d f(x,y)dy$ では，x を定数とみなして y について積分し，y の値に d，c を代入して図の点線の S なる断面積を求め，次いでこれを x について積分し——y の項はなくなっている——x の値に b，a を代入すると，この断面 S が a から b まで積分されて立体の体積が自から求められる．

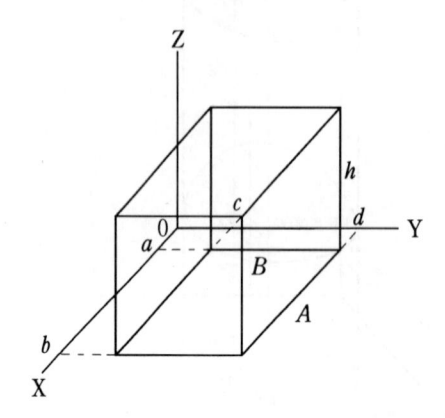

図2·5 直方体の体積

上記の方法の正しいことをはっきりした例をあげて実証してみよう．例えば図2·5は縦 A，横 B，高さ h の直方体で，その体積は ABh になるが，上式での z の値は x，y のどのような値にかかわらず一定値 h だから $z=h$ になって

$$V = \int_a^b \int_c^d h dy dx = \int_a^b h[y]_c^d dx$$
$$= \int_a^b h(d-c)dx = h(d-c)[x]_a^b$$
$$= h(d-c)(b-a) = ABh$$

ただし，$A = b-a$，$B = d-c$

というようになり，正しくその体積が求められる．

次に例題について定重積分の計算を行ってみよう．

〔例1〕 $\int_0^a \int_{y-a}^{2y} xy dx dy$ を求める．

$$原式 = \int_0^a y\left[\frac{x^2}{2}\right]_{y-a}^{2y} dy = \frac{1}{2}\int_0^a (3y^3 + 2ay^2 - a^2 y) dy$$
$$= \frac{1}{2}\left[\frac{3}{4}y^4 + \frac{2}{3}ay^3 - \frac{a^2}{2}y^2\right]_0^a = \frac{11}{24}a^4$$

〔例2〕 $\int_b^{2b}\int_0^a (a-y)x^2 dy dx$ を求める．

$$原式 = \int_b^{2b} x^2\left[ay - \frac{1}{2}y^2\right]_0^a dx = \int_b^{2b} \frac{a^2}{2}x^2 dx$$
$$= \frac{a^2}{2}\left[\frac{1}{3}x^3\right]_b^{2b} = \frac{a^2}{2}\cdot\frac{1}{3}(8b^3 - b^3) = \frac{7}{6}a^2 b^3$$

〔例3〕 $\int_{-a}^{a}\int_{-\sqrt{a^2-x^2}}^{\sqrt{a^2-x^2}} \sqrt{a^2-x^2-y^2}\, dy dx$ を求める．

2 定重積分の意義と計算

$$原式 = \frac{1}{2}\int_{-a}^{a}\left[y\sqrt{a^2-x^2-y^2}+(a^2-x^2)\sin^{-1}\frac{y}{\sqrt{a^2-x^2}}\right]_{-\sqrt{a^2-x^2}}^{\sqrt{a^2-x^2}}dx$$

$$= \frac{\pi}{2}\int_{-a}^{a}(a^2-x^2)dx = \frac{\pi}{2}\left[a^2x-\frac{x^3}{3}\right]_{-a}^{a} = \frac{2}{3}\pi a^3$$

〔例4〕 $\int_0^a\int_0^b\int_0^c(x^2+y^2+z^2)dz\,dy\,dx$ を求める．

$$原式 = \int_0^a\int_0^b\left[x^2z+y^2z+\frac{z^3}{3}\right]_0^c dy\,dx = \int_0^a\int_0^b\left(cx^2+cy^2+\frac{c^3}{3}\right)dy\,dx$$

$$= \int_0^a\left[cx^2y+\frac{cy^3}{3}+\frac{c^3}{3}y\right]_0^b dx = \int_0^a\left(cbx^2+\frac{b^3c}{3}+\frac{bc^3}{3}\right)dx$$

$$= \left[\frac{cbx^3}{3}+\frac{b^3cx}{3}+\frac{bc^3x}{3}\right]_0^a = \frac{abc}{3}(a^2+b^2+c^2)$$

〔例5〕 $\int_0^{\frac{\pi}{2}}\int_0^{\varphi}\int_{a\sin\theta}^{a} r\sin^2\theta\cos\theta\cos\varphi\,dr\,d\theta\,d\varphi$ を求める．

$$原式 = \frac{1}{2}\int_0^{\frac{\pi}{2}}\int_0^{\varphi}\left[r^2\right]_{a\sin\theta}^{a}\sin^2\theta\cos\theta\cos\varphi\,d\theta\,d\varphi$$

$$= \frac{a^2}{2}\int_0^{\frac{\pi}{2}}\int_0^{\varphi}(1-\sin^2\theta)\sin^2\theta\cos\theta\cos\varphi\,d\theta\,d\varphi$$

$$= \frac{a^2}{2}\int_0^{\frac{\pi}{2}}\left[\frac{\sin^3\theta}{3}-\frac{\sin^5\theta}{5}\right]_0^{\varphi}\cos\varphi\,d\varphi$$

$$= \frac{a^2}{2}\int_0^{\frac{\pi}{2}}\left(\frac{\sin^3\varphi}{3}-\frac{\sin^5\varphi}{5}\right)\cos\varphi\,d\varphi$$

$$= \frac{a^2}{2}\left[\frac{\sin^4\varphi}{12}-\frac{\sin^6\varphi}{30}\right]_0^{\frac{\pi}{2}} = \frac{a^2}{2}\left(\frac{1}{12}-\frac{1}{30}\right) = \frac{a^2}{40}$$

3 定重積分の応用

立体の体積

三角錐

定重積分を用いて立体や回転体の体積または曲面積，あるいは重心や慣性効率を求めることができるが，ここではその一例として立体の体積を求める方法について述べよう．たとえば，図3·1に示した三角形の平面ABCと三つの座標面*xy*平面，*yz*平面，*zx*平面にとりかこまれた四面体，これを**三角錐**（Triangular Pyramid）ともいうが，この体積を求めてみよう．図で OA＝a，OB＝b，OC＝c とすると，ABC平面の方程式は

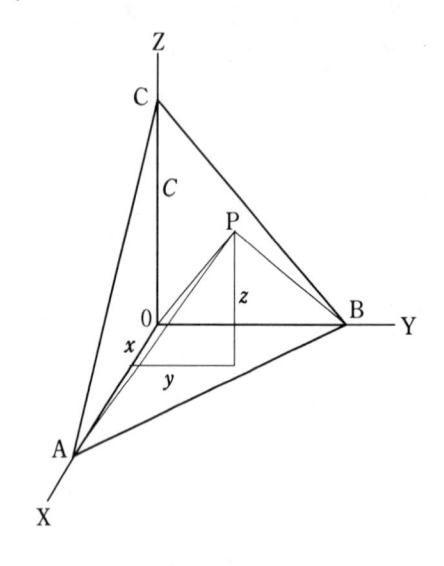

図3·1 ABC平面の式

$$\frac{x}{a}+\frac{y}{b}+\frac{z}{c}=1$$

三角錐の体積

になる．その理由を述べる前に図3·2に示したような三角錐の体積は底面積と高さの積の1/3になることを証明しよう．

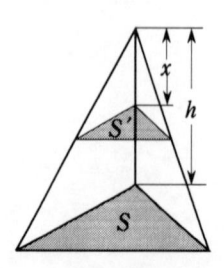

その底面積をS，高さをhとし，頂点からxなる点で底面と平行な面で三角錐を切り，その断面をS'とすると，断面である三角形S'は底面の三角形Sと相似形になり，対応辺の比はx/hになって，底辺もx/hになり，高さもx/hになるので，底辺と高さの積の1/2であるS'とSの面積の比は $(x/h)^2$になり，$S'=S\times(x/h)^2$で，このような断面S'をxは0からhまで積分すると

図3·2 三角錐の体積

3 定重積分の応用

$$\text{三角錐の体積} = \int_0^h S'dx = \frac{S}{h^2}\int_0^h x^2 dx = \frac{S}{h^2} \times \left[\frac{x^3}{3}\right]_0^h$$
$$= \frac{1}{3}Sh$$

になる.そこで図 3・1 の平面 ABC 上に任意の点 P をとって考えると

$$\frac{z}{c} = \frac{z \times \triangle\text{OAB}}{c \times \triangle\text{OAB}} = \frac{3 \times \text{四面体 POAB}}{3 \times \text{四面体 OABC}} = \frac{\text{四面体 POAB}}{\text{四面体 OABC}}$$

同様に $\dfrac{x}{a} = \dfrac{x \times \triangle\text{OBC}}{a \times \triangle\text{OBC}} = \dfrac{\text{四面体 POBC}}{\text{四面体 OABC}}$

$$\frac{y}{b} = \frac{y \times \triangle\text{OAC}}{b \times \triangle\text{OAC}} = \frac{\text{四面体 POCA}}{\text{四面体 OABC}}$$

これらの各辺を加えると

$$\frac{x}{a} + \frac{y}{b} + \frac{z}{c} = \frac{\text{四面体}(\text{POBC} + \text{POCA} + \text{POAB})}{\text{四面体 OABC}} = \frac{\text{四面体 OABC}}{\text{四面体 OABC}} = 1$$

さて,図 3・3 でこの四面体を yz 平面と平行な面で切り,その断面を三角形 PQR とし,OP $= x$ とすると PQ $= y$ は,この AB 直線の方程式を $y = mx + k$ とおくと,$x = 0$ で $y = b$ となるので $k = b$ となり $mx = y - b$,この式で $y = 0$ とおくと $x = a$ になるので $m = -b/a$,したがって

$$y = \text{PQ} = -\frac{b}{a}x + b = b\left(1 - \frac{x}{a}\right)$$

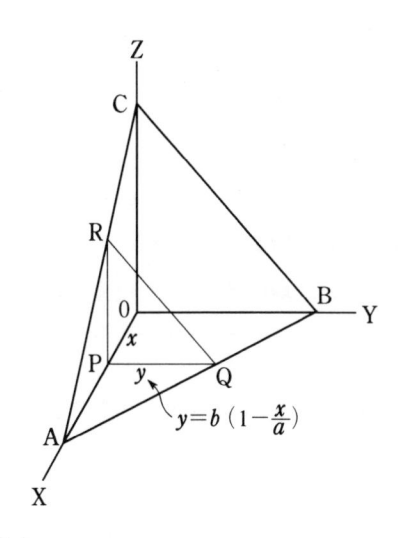

図 3・3 四面体 OABC 体積

になる.また

$$\frac{x}{a} + \frac{y}{b} + \frac{z}{c} = 1 \quad \text{より}$$

$$z = c\left(1 - \frac{x}{a} - \frac{y}{b}\right)$$

となるので,断面である三角形 PQR の面積は,この z を $y = 0$ から $y = \text{PQ} = b\left(1 - \dfrac{x}{a}\right)$ まで積分したものになり

―11―

$$\int_0^{b\left(1-\frac{x}{a}\right)} c\left(1-\frac{x}{a}-\frac{y}{b}\right)dy$$

であって，この断面積を $x=0$ から $x=a$ までを積分すると，この四面体OABCの体積Vになるので

$$V = \int_0^a \int_0^{b\left(1-\frac{x}{a}\right)} c\left(1-\frac{x}{a}-\frac{y}{b}\right)dydx$$

$$= c\int_0^a \left[\left(1-\frac{x}{a}\right)y - \frac{y^2}{2b}\right]_0^{b\left(1-\frac{x}{a}\right)} dx$$

$$= \frac{bc}{2}\int_0^a \left(1-\frac{x}{a}\right)^2 dx = \frac{bc}{2}\left[-\frac{a}{3}\left(1-\frac{x}{a}\right)^3\right]_0^a = \frac{abc}{6}$$

というように求められる．

球の体積 次に二重積分によって球の体積を求めてみる．図3・4で三つの座標面で切りとられた球の1/8を示したが，球の体積は，この体積を求めて8倍すればよい．

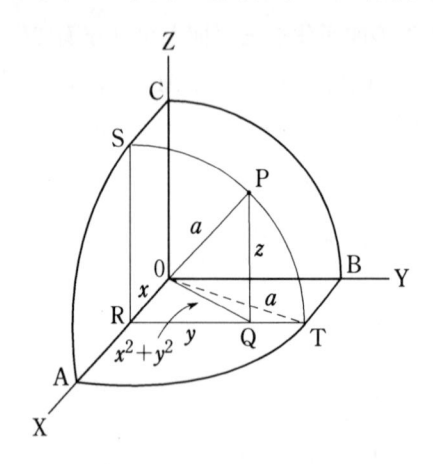

図3・4 球の体積

いま，この球面に任意の1点Pをとって，その座標を (x, y, z) とすると図上から明らかなように，$OR = x$，$RQ = y$，$PQ = z$ とすると $x^2 + y^2$ は $\overline{OQ}^2$ になり，$\overline{OQ}^2 + z^2 = \overline{OP}^2 = a^2$ （aは球の半径）となるので，球面の方程式は

球面の方程式

$$x^2 + y^2 + z^2 = a^2 \qquad z = \sqrt{a^2 - x^2 - y^2}$$

になる．この球の任意の断面RSPTの面積は，このzを $y=0$ から $y=RT=\sqrt{a^2-x^2}$ まで積分したものになり

$$\text{RSPTの面積} = \int_0^{\sqrt{a^2-x^2}} \sqrt{a^2-x^2-y^2}\,dy$$

このような断面を $x=0$ から $x=OA=a$ まで積分すると球の体積の1/8になるので球の体積Vは

$$V = 8\int_0^a \int_0^{\sqrt{a^2-x^2}} \sqrt{a^2-x^2-y^2}\,dydx$$

$$= 8\int_0^a \frac{1}{2}\left[y\sqrt{a^2-x^2-y^2} + (a^2-x^2)\sin^{-1}\frac{y}{\sqrt{a^2-x^2}}\right]_0^{\sqrt{a^2-x^2}} dx$$

$$= 2\pi \int_0^a (a^2 - x^2)dx = 2\pi \left[a^2 x - \frac{x^3}{3}\right]_0^a = \frac{4}{3}\pi a^3$$

というように求められる．

回転体の体積　次に回転体の体積を実例について求めてみよう．図3·5は放物線 $y^2 = 4ax$ がX軸のまわりに回転して生じた回転体であって，これがZ軸に平行な平面 $x = \text{OA} = a$ によって切られたとき，この回転体の体積を求めるには，これがxy平面とzx平面内にはさまれた部分は全体の1/4になるので，この部分の体積を求めて4倍すればよい．

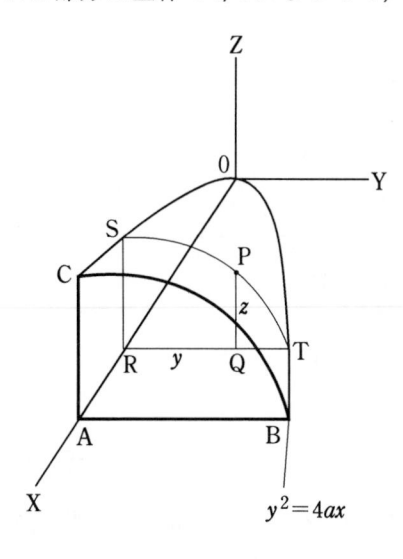

図3·5　放物面にかこまれた体積

さて，放物面上の任意のP点をとり，これに対応する $\overline{\text{OR}} = x$，$\overline{\text{RQ}} = y$，$\overline{\text{PQ}} = z$ とし，ORP面について考えると放物線の式 $y^2 = 4ax$ を満足するが，この場合はy^2 の代わりに図から明らかなように $y^2 + z^2$ をとらねばならないので，この放物面の**放物面の方程式**　方程式

$$y^2 + z^2 = 4ax, \quad z = \sqrt{4ax - y^2}$$

になる．したがって，この回転体の任意の断面RSPTの面積はzを$y = 0$から $y = \text{RT} = \sqrt{4ax}$ まで積分したものになり

$$\text{断面RSPTの面積} = \int_0^{\sqrt{4ax}} \sqrt{4ax - y^2}\, dy$$

この断面積を $x = 0$ から $x = a$ まで積分すると，この回転体の体積の1/4になるので，回転体の体積Vは

$$V = 4\int_0^a \int_0^{\sqrt{4ax}} \sqrt{4ax - y^2}\, dy dx$$

$$= 4\int_0^a \frac{1}{2}\left[y\sqrt{4ax - y^2} + 4ax \sin^{-1}\frac{y}{\sqrt{4ax}}\right]_0^{\sqrt{4ax}} dx$$

$$= 4\pi a \int_0^a x dx = 4\pi a \left[\frac{x^2}{2}\right]_0^a = 2\pi a^3$$

また，図3·6はxy平面に画いた楕円

3 定積分の応用

楕円体
回転楕円体

$$\frac{x^2}{a^2}+\frac{y^2}{b^2}=1$$

がX軸のまわりに回転して生じた楕円体を示し，OA＝a であり OB＝b である．この回転楕円体の体積を求めるには，球体の場合と同様に三つの座標面に対して対称になるので，図の部分について体積を求めて8倍すればよい．

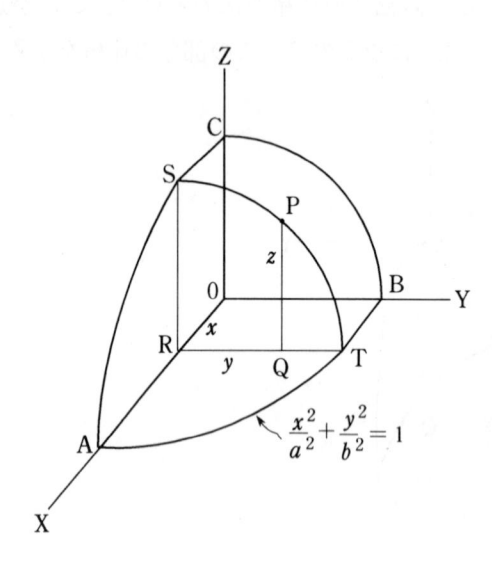

図3・6　楕円面にかこまれた体積

さて，この楕円曲面上に1点Pをとると，楕円の方程式を満足するわけであるが図から明らかなように，この場合はy^2の代わりに(y^2+z^2)を用いることになり**楕円体の方程式** (z^2/b^2)のb^2をc^2と書いて楕円体の方程式とする．すなわち，

$$\frac{x^2}{a^2}+\frac{y^2}{b^2}+\frac{z^2}{c^2}=1, \quad z=c\sqrt{1-\frac{x^2}{a^2}-\frac{y^2}{b^2}}$$

この任意の断面RSPTの面積は，このzを$y=0$から $y=\mathrm{RT}=b\sqrt{1-\frac{x^2}{a^2}}$ まで積分したものになり，この体積は，この断面を $x=0$ から $x=a$ まで積分したものになるので回転楕円体の体積Vは

$$V = 8\int_0^a \int_0^{b\sqrt{1-\frac{x^2}{a^2}}} \left(c\sqrt{1-\frac{x^2}{a^2}-\frac{y^2}{b^2}}\right)dy\,dx$$

$$= 8c\int_0^a \left[\frac{1}{2b}y\sqrt{b^2\left(1-\frac{x^2}{a^2}\right)-y^2}+\frac{1}{2b}\cdot b^2\left(1-\frac{x^2}{a^2}\right)\sin^{-1}\left(\frac{y}{b\sqrt{1-\frac{x^2}{a^2}}}\right)\right]_0^{b\sqrt{1-\frac{x^2}{a^2}}}dx$$

$$= 2\pi bc\int_0^a \left(1-\frac{x^2}{a^2}\right)dx = \frac{4}{3}\pi abc$$

というように求められる．

4　重積分とその応用についての要点

〔1〕不定重積分

不定重積分は偏微分の逆算であって，多変数の関数について行われる．例えば

$$\frac{\partial}{\partial x}\left\{\frac{\partial F(x,y)}{\partial y}\right\} = f(x,y) \quad \text{であると} \quad \iint f(x,y)\,dy\,dx = F(x,y)$$

二重積分　になる．これを二重積分といい，これと同様に

$$\frac{\partial}{\partial x} = \left[\frac{\partial}{\partial y}\left\{\frac{\partial F(x,y,z)}{\partial z}\right\}\right] = f(x,y,z)$$

であると，

$$\iiint f(x,y,z)\,dz\,dy\,dx = f(x,y,z)$$

三重積分　というようになって，これを三重積分という．実際の計算は，まず $f(x, y, z)$ で x, y を定数とみなして z について積分し，次に，その積分値を x, z を定数とみて y について積分し，さらにその積分値を y, z を定数とみて x について積分する．不定重積分では積分の順序を変えても同一の結果になるが，積分定数がちがってくる．

〔2〕定重積分

例えば図4・1のような立体OABCの体積を求めるのに，この立体面上の任意のP点をとったとき，この座標を (x, y, z) とすると，OR＝x, RQ＝y, PQ＝z であり，

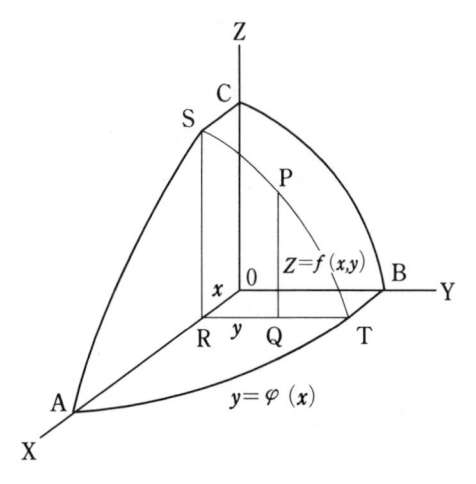

図4・1

この z が x と y の関数として，$z=f(x, y)$ で与えられ，かつATB曲線は $y=\varphi(x)$ で与えられるとしたとき，この立体を任意の yz 平面と平行な断面RSPTで切ると，この断面の面積は z を $y=0$ から $y=$RT$=\varphi(x)$ まで積分したものになり，この断面を $x=0$ から $x=$OA$=a$ まで積分すると，この立体の体積 V になるので下式で求めら

定重積分	れる.$$V = \int_0^a \int_0^{\varphi(x)} f(x,y)\,dydx$$このように定重積分を用いて立体や回転体の体積,曲面積,重心などが計算できる.

5　重積分とその応用の演習問題

次の重積分の値を求めよ．

(1) $\displaystyle\int_a^b \int_c^d \sqrt{x+y}\, dy\, dx$

(2) $\displaystyle\int_0^\pi \int_{-x}^{+x} \sin(x+y)\, dy\, dx$

(3) $\displaystyle\int_0^b \int_y^{10y} \sqrt{xy-y^2}\, dx\, dy$

(4) $\displaystyle\int_0^{\frac{\pi}{2}} \int_0^{2a\cos\theta} r\, dr\, d\theta$

(5) $\displaystyle\int_0^\pi \int_0^{a(1+\cos\theta)} r^2 \sin\theta\, dr\, d\theta$

(6) $\displaystyle\int_0^{\frac{\pi}{2}} \int_0^{a\cos\theta} \sqrt{a^2-r^2}\, r\, dr\, d\theta$

(7) $\displaystyle\int_0^{2a} \int_0^{\sqrt{2ax-x^2}} \int_0^{\frac{x^2+y^2}{a}} dz\, dy\, dx$

(8) $\displaystyle\int_0^a \int_0^x \int_0^y x^3 y^2 z\, dz\, dy\, dx$

(9) $\displaystyle\int_0^1 \int_0^x \int_0^{x+y} \varepsilon^{x+y+z}\, dz\, dy\, dx$

(10) $\displaystyle\int_0^{\frac{\pi}{2}} \int_0^{2\pi} \int_0^{2a\cos\theta} r^2 \sin\theta\, dr\, d\phi\, d\theta$

（**注意**；以下の問題は定重積分を用いて解かれたい．）

(11) 三つの平面 $x=a$, $y=b$, $z=mx$ と xy 平面，zx 平面にかこまれた立体の体積を求めよ．

(12) 曲面 $x^{\frac{2}{3}} + y^{\frac{2}{3}} + z^{\frac{2}{3}} = a^{\frac{2}{3}}$ にかこまれた立体の体積を求めよ．

(13) 双曲放物面 $cz=xy$ と xy 平面および四つの平面 $x=a_1$, $x=a_2$, $y=b_1$, $y=b_2$ にかこまれた立体の体積を求めよ．

(14) 上の球面が $x^2+y^2+z^2=2az$，下が放物面 $x^2+y^2=az$ にてかこまれた立体の体積を求めよ．

(15) 楕円放物面 $x^2+y^2-z=1$ と xy 平面にかこまれた立体の体積を求めよ．

(16) 直円柱 $x^2+z^2=r^2$ の zx 平面と平面 $y=mz$ との間にある立体の体積を求めよ．

(17) $x=a(\theta-\sin\theta)$, $y=a(1-\cos\theta)$ の $\theta=0$ より $\theta=2\pi$ までの弧と X 軸によりかこまれた図形を $\theta=0$ における接線のまわりに回転して生ずる回転体の体積を求めよ．

(18) 曲線 $y = x\varepsilon^x$ と2直線 $x = 1$, $y = 0$ によりかこまれた図形をX軸のまわりに回転して生ずる回転体の体積を求めよ．

(19) $r = a(1 + \cos\theta)$ を基線のまわりに回転したときの回転体の体積を求めよ．

(20) $y = \dfrac{a}{2}\left(\varepsilon^{\frac{x}{a}} + \varepsilon^{-\frac{x}{a}}\right)$ の $x = -a$ より $x = a$ までの弧をY軸のまわりに回転して生ずる回転体の体積を求めよ．

〔解答〕

(1) $\dfrac{4}{15}\left\{(a+c)^{\frac{5}{2}} + (b+d)^{\frac{5}{2}} - (a+d)^{\frac{5}{2}} - (b+c)^{\frac{5}{2}}\right\}$

(2) π　　　　　　　　　　　　(3) $6b^3$

(4) $\pi a^2 / 2$　　　　　　　　 (5) $4a^3/3$

(6) $\dfrac{1}{6}\pi a^3 - \dfrac{2}{9}a^3$　　　　(7) $3\pi a^3/4$

(8) $a^9/90$　　　　　　　　　(9) $\dfrac{\varepsilon^4 - 3}{4} + \dfrac{3\varepsilon^2}{4} + \varepsilon$

(10) $4\pi a^3/3$　　　　　　　 (11) $\dfrac{1}{2}ma^2 b$

(12) $4\pi a^3/35$　　　　　　 (13) $\dfrac{1}{4c}(a_2{}^2 - a_1{}^2)(b_2{}^2 - b_1{}^2)$

(14) $\dfrac{7}{6}\pi a^3$　　　　　　　(15) $\pi/2$

(16) $2r^3 m/3$　　　　　　　(17) $\pi^2 a^3$

(18) $\dfrac{\pi}{4}(\varepsilon^2 - 1)$　　　　　　(19) $8\pi a^3/3$

(20) $\dfrac{\pi a^3}{2}(\varepsilon + 5\varepsilon^{-1} - 4)$

索 引

カ行

回転楕円体	14
回転体の体積	13
球の体積	12
球面の方程式	12

サ行

三角錐	10
三角錐の体積	10
三重積分	7, 15

タ行

楕円体	14
楕円体の方程式	14
単一積分	2
定重積分	1, 5, 16

ナ行

二重積分	15

ハ行

不定三重積分	2
不定重積分	1, 2, 4
不定二重積分	2
放物面の方程式	13

ラ行

立体の体積	6, 10

d－book
多変数関数の積分法

2000年8月20日　第1版第1刷発行

著　者　田中久四郎
発行者　田中久米四郎
発行所　株式会社電気書院
　　　　東京都渋谷区富ケ谷二丁目2-17
　　　　（〒 151-0063）
　　　　電話03-3481-5101　（代表）
　　　　FAX03-3481-5414
制　作　久美株式会社
　　　　京都市中京区新町通り錦小路上ル
　　　　（〒 604-8214）
　　　　電話075-251-7121　（代表）
　　　　FAX075-251-7133

印刷所　創栄印刷株式会社

ⒸｰⒸ2000HisasiroTanaka　　　　　Printed in Japan
ISBN4-485-42925-3　　［乱丁・落丁本はお取り替えいたします］

〈日本複写権センター非委託出版物〉

　本書の無断複写は，著作権法上での例外を除き，禁じられています．
　本書は，日本複写権センターへ複写権の委託をしておりません．
　本書を複写される場合は，すでに日本複写権センターと包括契約をされている方も，電気書院京都支社（075-221-7881）複写係へご連絡いただき，当社の許諾を得て下さい．